蒲鉾
かまぼこ

魚介すり身の練り物

監修
一般社団法人 大日本水産会
魚食普及推進センター

写真・文
阿部秀樹

偕成社

かまぼこ売り場（神奈川県小田原市）

はじめに

　僕の仕事は水中カメラマン。北海道から沖縄まで、日本各地の海に潜って、その海の生き物たちの姿や水中風景を撮影するのが仕事です。撮影に訪れた土地での楽しみといえば、やはりその土地の海の幸を口にすることです。おいしいものがたくさんある海の幸のなかでも、僕が小さいころから大好物だったのが「かまぼこ（蒲鉾）」。口に入れ、かんだときのぷりぷりとした食感、口の中に広がるみずみずしさと、ほのかに感じる塩味、そして板に使われている木の香りが大好きでした。もちろん今でも「かまぼこ」は大好物です。

　日本中を撮影でまわっていると、寒い土地でも暖かい土地でも、行く先々でいろいろなかまぼこの仲間に出会います。ぷりぷりと弾力があるものや、少しかたいもの、フワッとやわらかいものといった食感のちがい、白い色だけでなく赤い色のもの、緑色のものといった色のちがい、蒸したものや焼いたもの、揚げたものといったつくり方のちがいなど、本当にさまざまなかまぼこを食べることができました。そのようなかまぼこへの興味がふくらんだ僕は、撮影へ行くたびに、かまぼこの取材をするようになったのです。

　そこで気づいたのはその地域でもっとも多く食べられる魚、つまり一番とれる魚を使ってかまぼこがつくられているということです。たくさんとれた魚を保存しつつ、おいしく食べるため、焼く、ゆでる、蒸すなどの技術を使ってつくられたのが、かまぼこです。数百年前からの伝統製法や技術を守りつつ、最新の機械や科学的な裏づけの助けも借りて、刺身でもおいしい新鮮な魚をかまぼこにしています。手間ひまかけて料理しなくても、それだけでおいしく食べることができるかまぼこ。南北に長く、気候風土も多彩な日本で育ったかまぼこ類は、和食の代表ともいえるものです。この本でかまぼこの奥深さを少しでも知ってもらえたら、とてもうれしく思います。

阿部秀樹

2

もくじ

本書では、書名に漢字表記の「蒲鉾」を使用していますが、「蒲」と「鉾」のどちらの漢字も常用漢字にふくまれていませんので、本文内ではひらがな表記の「かまぼこ」で統一しています。

めでたい日の
おかず

かまぼこ

四方を海にかこまれた日本では、
昔からさまざまな海産物を利用してきました。
そのなかで、大量に漁獲された魚を、
むだにすることなく、おいしく利用するため、
人びとがさまざまな工夫をこらして
生みだした保存食のひとつが、かまぼこ（蒲鉾）です。
かまぼこといっても、使われる魚も、
その加工法もじつにさまざま。
地方ごとに特色あふれるかまぼこが存在します。
また、縁起物として正月料理に使われるなど、
かまぼこは、日本人の生活や文化にも結びついていて、
ユネスコの無形文化遺産に登録された
「和食：日本人の伝統的な食文化」のなかで、
重要な構成要素のひとつにもなっています。
さあ、かまぼこについて、くわしく見ていきましょう！

新鮮な魚のすり身を使って、まったくちがう味わいの
食品として生みだされた、日本のかまぼこ。かまぼこは、
現在も伝統的な技術を受けつぎ、
発展させながらつくられています。

かまぼこが高級品で、正月などのめでたい日に
食べられてきた食品であることは、
「飾り切り（12ページ）」という食文化からも
知ることができます。

かまぼこといえば、昔から紅白かまぼこが、お節料理の定番です。
現在はさまざまな種類のかまぼこが、いつでも入手できます。
誕生日パーティーなどの料理（36ページ）に
利用してみてはいかがでしょうか。

かまぼこってどんな食品？

魚のすり身からつくる練り物

かまぼこは、魚の身をすりつぶした「すり身」に、調味料などを加えて、焼く、蒸す、ゆでる、揚げるなどの加工をしてつくる日本伝統の食品です。すり身を練ってつくる「練り物」という食品の一種でもあります。

特徴

日本で発展したかまぼこ

魚のすり身を使った、さつま揚げやつみれのような料理は、東南アジアなどで広くつくられています。しかし、魚のすり身をさまざまな方法で加工して、多種多様な食品を生みだしたり、それらを縁起物としていたりするのは、日本特有の文化といえるでしょう。日本で生まれた魚の冷凍すり身や、すり身を使ったカニカマなどは、現在では「SURIMI」とローマ字で表記されて世界共通語になっています。

練り物＝かまぼこじゃない？

魚のすり身を加工した食品は練り物（魚肉練り製品）とよばれますが、かまぼこは伝統的な原料や製法でつくられるものに限られます。たとえば、魚肉ソーセージは魚のすり身が原料の練り物ですが、豚脂（ラード）や香辛料をまぜ、ソーセージと同じように動物の腸やセロファンなどに材料を密閉して製造するため、かまぼことは別のあつかいです。チーズかまぼこは、魚肉ソーセージの密閉製造技術を応用してつくられたかまぼこです。

チーズかまぼこ

そのまま食べられる

かまぼこは、製造段階で熱を通しているので、そのままでも食べることができます。また、軽く火であぶって食べたり、おでん種にしたり、炒め物やサラダの具にしたりと、さまざまな料理の素材としても利用できます。

かまぼこは、魚のすり身からつくられる魚肉練り製品のひとつで、食品の分類としては、ちくわやさつま揚げなどもふくみます（8ページ）。しかし、せまい意味でのかまぼこは、焼抜きかまぼこと蒸しかまぼこのことを指します。

かまぼこなどの練り物づくりには、「水産練り製品製造技能士（1級、2級）」という国家資格があり、多くの職人が資格を得ています。

蒸板かまぼこは、厚さ（幅）12㎜に切って食べるのが、そのぷりぷりした食感を一番よく味わえるとされています。

かまぼこの板には、水分を調節する役割があります。天然の木の板が、水分を吸ったり出したりすることで、かまぼこのみずみずしさが守られます。板はモミやシラビソなど、針葉樹の辺材（外側の白い部分）が使われるので、針葉樹特有の成分による防腐効果もあります。

かまぼこの
メリット❶

保存性が高まる

かまぼこは、大量にとれた魚をむだにすることなく利用するためにつくられたと考えられます。製造工程で水分をぬき、熱を通すことによって、生の魚よりも保存がきくようにしたのです。ただし、かまぼこは水分を多くふくんだ食品ですので、干物や塩蔵品に比べると日持ちがしません。現代のかまぼこの賞味期限は、未開封の状態で、冷蔵庫に入れて製造日から約1週間以内のものがほとんどです。

かまぼこの
メリット❷

食感が変わる

すり身を使ったかまぼこは、同じ魚を使った料理の刺身や焼き魚、煮魚などとは、食感がまるでちがうものになります。かまぼこといっても、その製造方法によって食感もちがっていて、ぷりぷりとした弾力のあるもの、しっとりやわらかいもの、ふわふわの食感のものなどがあり、それも楽しみのひとつです。

かまぼこの
メリット❸

高たんぱく質で低脂肪

生物にとって、たんぱく質は筋肉や内臓、それらを調整するホルモンなどの材料になる、とても大切な栄養素です。小田原かまぼこ（18ページ）1本には、原料のシログチ6〜8尾分のたんぱく質がふくまれています。たんぱく質の量は、同じ重さのロースハムに比べるとやや少ないですが、その分、太る原因にもなる脂肪が少ないので、健康に良い食品といえます。

かまぼこは、たんぱく質をつくる20種類のアミノ酸のうち、人間の体内でつくりだせない9種類（必須アミノ酸）を、すべてふくんでいます。製造工程で不純物が取りのぞかれ濃縮されたかまぼこのたんぱく質は、消化吸収にすぐれ、筋肉などの材料になりやすいのです。

かまぼこにも種類がある

魚のすり身を原料とした食品「練り物」には、かまぼこやちくわ、さつま揚げなどがありますが、これらは食品・農林水産物の品質や基準をそろえるために定められた日本農林規格（JAS）によって、かまぼこ類としてまとめられています。そんなかまぼこの仲間たちを見ていきましょう。

蒸しかまぼこ

成形したすり身を蒸してつくる蒸しかまぼこは、ぷりぷりした弾力が魅力。東日本の人は、かまぼこと聞けば、蒸板かまぼこ（板付かまぼこ、板かまぼこ）を思いうかべるでしょう。そのほか、蒸板かまぼこの表面をあぶった蒸焼きかまぼこや、板を使わない簀巻かまぼこなどの種類があります。

蒸板かまぼこ

蒸焼きかまぼこ

簀巻かまぼこ（ストロー巻き）

焼抜きかまぼこ

焼板かまぼこ

笹かまぼこ

伊達巻

成形したすり身を焼いてつくる焼抜きかまぼこは、ほど良い歯応えが魅力。西日本の人にとってなじみが深い焼板かまぼこ（板付焼抜きかまぼこ）は、焼抜きかまぼこの代表です。ほかには、焼き色をつけない白焼かまぼこ、板を使わない笹かまぼこなどのほか、卵を使った伊達巻、カステラかまぼこなど多くの種類があります。

ちくわ

かまぼこの原点とされ、竹の切り口に似ていることが名前の由来です。じっくり焼きあげ、表面に皮のようなしわができた「生ちくわ」は、おもにそのまま食べます。斑点状に油をつけて短時間で焼き、まだらに焼き目をつけた「焼ちくわ（ぼたん焼ちくわ）」は、おでんに使うため「煮込みちくわ」ともよばれます。また、焼かずにゆでてつくる「白ちくわ」もあります。

焼ちくわ（左）
生ちくわ（右）

ゆでかまぼこ

成形したすり身をゆでてつくるゆでかまぼこは、やわらかい口あたりが魅力。イワシを使うつみれや黒はんぺん、すったやまいも（ヤマノイモ）をまぜてふわふわにする、はんぺんやしんじょ（しんじょう）、すり身をつくるときの裏ごしで取りのぞかれた筋や皮、軟骨でつくるすじ（筋かまぼこ）、渦巻き模様が特徴のなると巻きなど、さまざまな種類があります。

つみれ

はんぺん

なると巻き

しんじょ

揚げかまぼこ

さつま揚げ

ごぼう天

白天

じゃこ天

成形したすり身を油で揚げてつくる揚げかまぼこは、香ばしさが魅力。そのまま食べても、おでんなどの料理に使っても楽しめます。代表的なものだけでも、「つけ揚げ」「天ぷら」ともよばれるさつま揚げ、中にごぼうが入ったごぼう天、揚げ色がつかないように揚げる白天、小骨も入りカルシウム豊富なじゃこ天などと種類が豊富で、日本各地にその地域ならではの揚げかまぼこがあります。

風味かまぼこ

魚のすり身に、カニやエビ、ホタテガイなどの、味わいや香りなどの風味をつけてつくるかまぼこで、現在、日本でも世界でもとても発展している種類です。その代表が、カニの身のように成形され、カニの風味をつけたカニカマ（カニ風味かまぼこ）です。風味かまぼこという分類は、法律の改正で日本農林規格としては廃止されましたが、一般の分類、名称として使われています。

カニカマ

かまぼこの由来はガマの穂?

ガマの穂

かまぼこの名前の由来には、さまざまな説があります。一説には、平安時代のかまぼこの形が、湿地に生える植物、ガマの穂に似ていたことからつけられたといわれています。

奈良・平安貴族も食べていた

奈良時代（710年〜784年）の『日本書紀』という書物によれば、

今から1600年前ごろに存在したとされる神功皇后が

鉾という武器の刃の上に魚のすり身をのせ、

焼いて食べたことが、かまぼこの起源とされています。

たしかな記録にかまぼこが登場するのは平安時代（794年〜1185年）。

藤原忠実という位の高い貴族がもうけた祝いの席の料理に

かまぼこがならんだことが記されています。

当時のかまぼこは、現在のちくわのように、

木の棒に魚のすり身を巻きつけて、焼いたものでした。

神功皇后のかまぼこ再現

神功皇后は、兵庫県神戸市にある生田神社でかまぼこを食べたとされ、現地にはかまぼこ発祥の地の記念碑があります。

（兵庫県蒲鉾組合連合会）

平安時代のかまぼこ

平安時代の書物『類聚雑要抄』に記されたかまぼこを再現したもの。姿形は、現在のちくわとほぼ同じです。

『東京自慢名物會』で紹介された神茂のかまぼこ
『東京自慢名物會』は、1896年（明治29年）に発行された
錦絵集。神茂は、現在も東京都中央区日本橋で営業している
老舗（25ページ）で、はんぺんが店の看板商品になっています。
（東京都立図書館）

『絵兄弟やさすかた』にえがかれたかまぼこ
歌川国芳が制作した美人画（浮世絵）の1枚。国芳は江戸
で活躍したので、えがかれているのは蒸板かまぼこと考えら
れます。（舞鶴市糸井文庫）

江戸時代に蒸しかまぼこ誕生

室町時代（1336年〜1573年）になると、
魚のすり身を板にのせて焼く「焼板かまぼこ」が生まれ、
当時の都があった関西地方でつくられていました。
江戸時代（1603年〜1868年）になると、
魚のすり身を焼かずに、せいろなどで蒸してつくる、
「蒸しかまぼこ」が江戸やその周辺で誕生しました。
また、江戸時代には料理技術が急速に発展したので、
さまざまに工夫をこらしたかまぼこもつくられました。
手間がかかる蒸しかまぼこは高級品でしたが、
江戸時代の後期になると、町人などふつうの人びとも
かまぼこを口にできるようになっていったのです。

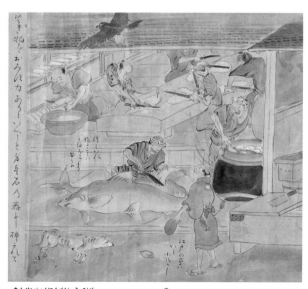

『近世職人尽絵詞』のかまぼこ屋
『近世職人尽絵詞』は、江戸時代中期の、江戸でくらす職人を
紹介した本。かまぼこ屋の絵では、職人が大きなサメをさばい
て、はんぺんをつくるようすがえがかれています。
（ColBase／東京国立博物館）

ぜいたく品からみんなのおかずに

明治時代（1868年〜1912年）以降、生産技術の向上で多くの人が口にするようになったかまぼこ。

それでも、昔から高級品だったかまぼこは、祝いの席などで食べられる、めでたい食品とされてきました。

正月のお節料理に使われるのは、かまぼこを切ったときの形が日の出に似ていることもあり、

1年の始まりである正月に「初日の出をいただく」という意味がこめられているといわれています。

さらに、魔よけの意味がある紅色と、清らかでけがれのない白の紅白かまぼこを食べるようになったのです。

現代では、生産技術もさらに進んで、かまぼこはふだんから気軽に食べられる食品になりました。

今度、かまぼこを口にするときは、その長い歴史やこめられた願いも思い出してみてください。

お節料理
紅白のかまぼこは、正月に食べるお節料理の定番です。かまぼこの仲間である伊達巻は、姿が昔の巻物に似ていることから、知識が増える、学問成就の意味がこめられています。

板わさ
切った板かまぼこに、わさびをそえたもので、かまぼこ本来の味が楽しめます。昔の蕎麦屋は、注文を受けてから蕎麦を打ったので、客は蕎麦が出てくるのを待つ間、板わさをつまみに酒を飲んだそうです。

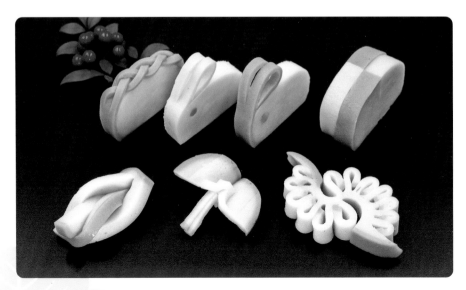

かまぼこの飾り切り
かまぼこは、正月料理や、めでたい席での食事に出された食品のひとつでした。そこで料理人は、紅白のかまぼこを使って縁起の良い文様や美しい形をつくり、重箱や料理の膳をかざったのです。これを、かまぼこの飾り切りといい、さまざまなつくり方が伝わっています。

進化するかまぼこ

1970年代、日本は経済が安定し、人びとのくらしもゆたかになっていきます。
そんななか、各地のかまぼこ製造会社では、かまぼこ類の販売をのばすために、
さまざまなアイデア商品を考えていました。
1972年、石川県の会社が、カニのほぐし身に似せたかまぼこ商品、
「カニカマ（カニ風味かまぼこ）」を初めて開発し、大ヒットさせました。
その後、カニカマにはスティックタイプなど多くの類似商品が生まれ、
海外にも紹介されて「SURIMI」の名前で親しまれています。

「カニカマ」の誕生

スケトウダラのすり身を、一定の厚さにのばしながら、時間や温度に注意して蒸していきます。
（4点とも株式会社スギヨ）

カニ肉に似せて、細い繊維状に切れ目を入れます。製品の食感にもっとも影響する工程なので、品質をしっかり確認します。

繊維状のすり身をたばねて成形し、製品サイズにカットします。そして野菜色素などの食用色素で着色後、包装します。

蒸気で加熱して殺菌した後、おいしさを閉じこめるためにすばやく冷却すれば、カニカマの完成です。

さらなる
商品の進化

かまぼこ類の進化は「カニカマ」だけにとどまりません。
ソーセージやフランクフルトのように加工したもの、
ウナギの蒲焼やアジの干物のように加工したもののほか、
高たんぱくの魚肉すり身を活かした健康補助食品なども誕生しています。

ソーセージのように加工したもの

ハーブやスパイス、エビやイカなどをまぜたすり身を、腸詰めにしたものです。ソーセージより低脂肪で、健康にも気をつかった商品です。

ウナギの蒲焼のように加工したもの

すり身を使って、ウナギの蒲焼を再現した商品です。見た目だけではなく、タレの味や香ばしさも、実物に近い味わいになっています。

かまぼこが食卓にとどくまで

かまぼこは、数ある水産加工食品のなかでも、
特に多くの手間をかけてつくられています。
さらに、かまぼこの種類によって、
原材料やつくり方まで変わってきます。
昔の人びとが生みだし、その技術を引きついできた
かまぼこ製造のくわしいようすを見ていきましょう。

スケトウダラ

ハモ

シログチ

グチやイシモチの別名でも知られる魚で、蒸しかまぼこ、特に神奈川県でつくられる小田原かまぼこには欠かせない魚です。身にはくせがなく、うま味はしっかりあり、弾力があって歯応えの良いかまぼこができます。

かまぼこになる魚

かまぼこには、スケトウダラ、シログチ、マダイ、ハモ、

マエソ、イトヨリダイ、ヒメジ、メルルーサ、サメなどの白身魚*、

マイワシ、マアジ、マサバなどの赤身魚*（青魚）が使われますが、

かまぼこの種類によって使われる魚がことなり、

白身魚と赤身魚とでは、味わいもちがってきます。

また、脂分が多すぎる魚は、かまぼこには不向きなので、

同じ魚でも、とれる時期や場所を考えて、原材料に選ばれます。

*白身魚と赤身魚は肉の色のちがいではなく、瞬発力にすぐれた白色筋（速筋）が多い魚を白身魚、持久力にすぐれた赤色筋（遅筋）が多い魚を赤身魚としています。

マエソ　　アオザメ

① 水揚げ・仕入れ

かまぼこの製造会社は、原材料の魚を
地方の魚市場で直接、買い入れるか、
水産会社などを通して国内外から仕入れます。

すり身は、仕入れた鮮魚を使って自社でつくるほか、
冷凍すり身を仕入れて使う場合もあります。

鮮魚の水揚げは、量や値段も状況によって変わるため、
水揚げと仕入れの状況をしっかりたしかめながら、
かまぼこ製造の予定を立てます。

一方、冷凍すり身は、製造時の残りかすや排水が出ず、
仕入れの量や値段が比較的安定しているので、
大量の製品を安定して生産するのに向いています。

鮮魚のシログチを使った国内産すり身。冷凍すり身は日本で
開発され、現在は海外のスケトウダラでつくられます。

宮城県の気仙沼漁港に水揚げされたサメ類。気仙沼漁港は、カツオ、マグロ、カジキ、サンマなどの水揚げが有名ですが、そのなかでもサメ類の水揚げは全国一です。水揚げされたサメは、肉を食用にするだけでなく、骨や皮も薬品や化粧品の原料として使うなど、あますところなく利用されます。

頭と内臓を取りのぞかれたシログチ。高級かまぼこの原料です。

DHAやEPAを多くふくむ赤身魚のマイワシは、つみれ、黒はんぺん、揚げかまぼこ（イワシ天）などに使われます。

白身魚と赤身魚でかまぼこは変わる

原材料の魚によって、つくられるかまぼこも変わってきます。白身魚は、おもに蒸しかまぼこやちくわ、はんぺんに使われます。色が白く、弾力のある歯応えで、くせのない上品な味わいが特徴です。赤身魚は、焼抜きかまぼこやゆでかまぼこ、揚げかまぼこに使われます。少し色があり、口当たりはやわらかく、強いうま味があるのが特徴です。

白身魚でつくられるかまぼこも、赤身魚でつくられるかまぼこも、どちらも高たんぱく質、低脂肪です。また、すり身に小骨などもまぜこんでつくられる種類では、カルシウムが豊富になっています。

17

蒸板かまぼこ
小田原かまぼこのつくり方

今も生きる職人の技

関東地方をはじめ東日本になじみのあるかまぼこが、小田原かまぼこに代表される蒸板かまぼこです。

神奈川県小田原市にある江戸時代創業の老舗企業では、伝統的な職人技術をしっかりと引きつぎ、

さらに発展させて、おいしい蒸板かまぼこを製造しています。そのようすを紹介しましょう。

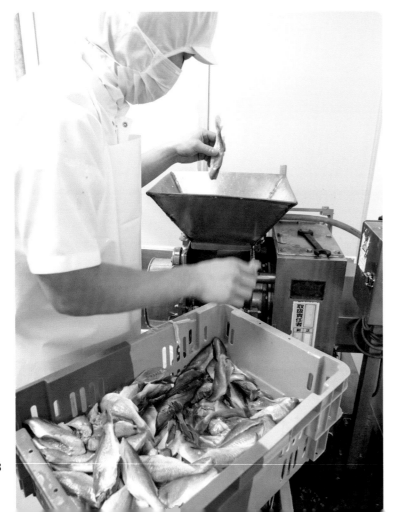

② 採肉

はじめに、原材料の魚の頭と内臓を取り、

血などをきれいにあらいながします。

次に、魚を採肉用の機械に入れて、

骨や皮、うろこ、ひれなどを取りながら、

魚肉だけをよりわけていきます。

魚の状態や、つくるかまぼこに合わせて、

機械も細かく調整していき、

良質な魚肉だけを取りだします。

魚の脂分は皮の下に多いので、魚の大きさ
や季節によって、機械の強度を調整して、
皮と魚肉をよりわけます。

うきあがった脂分。この脂分のうき具合や水の色で、さらしの回数を決めます。

うきあがった脂分ごと水をすてます。これを数回くりかえしておこないます。

水さらしは、魚肉の状態やその日の気温で、使う水量やひたす時間などを細かく調整します。小田原では、こうした作業に豊富な水を利用できたので、かまぼこ産業が発達しました。

③ 水さらし

採肉した魚肉には、生ぐささの原因になる脂肪分や血、たんぱく質を分解する酵素がふくまれています。

採肉した魚肉を冷水にひたし、よくかきまぜると、脂分がうきあがり、血や酵素は水にとけるので、うわ水をすてて、余分なものを取りのぞきます。

かまぼこの色の白さや弾力のある歯応えを出すためには、くりかえし水さらしをすることがとても重要です。

④ 脱水

水さらしが終わった魚肉は、布製のふくろに入れ、水をしぼります。

魚肉は、温度が上がると鮮度が落ちてしまうので、

すばやく水分をしぼっていきます。

ただし、ほんのわずかでも水分をしぼりすぎてしまうと、

完成したかまぼこに、しなやかさがなくなってしまうため、

手や機械の力の入れ加減には、十分に注意しながら作業します。

①脱水は、まず手作業でおこないます。力が必要で、鮮度を保つために時間がかけられない、大変な作業です。

②さらに、しぼり機を使って脱水します。機械も使いながら、魚肉の水分をほど良い量に調整します。

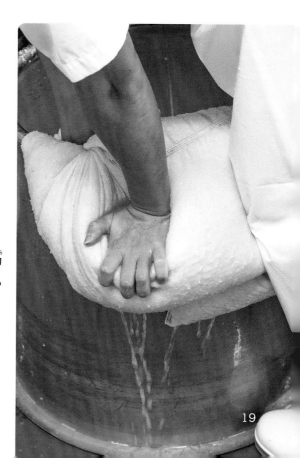

石臼は花崗岩（御影石）製で、細かなでこぼこが魚肉をするのに良く、高速ですっても熱が上がらないので、現代でもかまぼこづくりに欠かせません。

すり身が飛びちらないように、石臼に金属のカバーをかけて、自動で擂潰をおこないます。昔から、かまぼこづくりは、1に買い（魚の目利き）、2に擂り（または臼）、3に釜（蒸す作業）といわれ、擂潰は重要な作業でした。

魚肉のすり具合は、職人が手ざわりで確認し、加える塩と調味料の量や、それらを入れるタイミングを見きわめます。すり身のなめらかさやねばり気は、かまぼこの食感に直接影響するので、すり具合の見きわめはとても重要な作業です。

⑤ 擂潰

脱水が終わった魚肉は、杵と石臼がついた機械ですりつぶします。

「擂潰」とは「擂り潰す」という漢字からついた、かまぼこ業界の専門用語です。

擂潰をするときは、まず塩を加えます。

塩は、魚肉の筋肉の繊維をばらばらにするので、すられた魚肉には、ねばりが出てきます。

だしや調味料も、つづけて入れます。

擂潰の時間や塩の量は魚肉の質によって調整し、作業中もねばり具合や温度を確認しながら、なめらかさとねばり気のあるすり身にします。

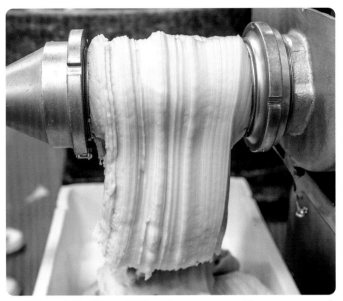

すり身は、機械の中から網状の筒におしだされ、裏ごしされます。機械の圧力が高いと温度が上がるため、絶妙な力加減で裏ごしします。

⑥ 裏ごし

擂潰でできあがったすり身を、裏ごし機械に入れ、
細かい穴のあいたフィルターに通して、
すり身に残っている小さな骨のかけらやうろこ、
皮などをきれいに取りのぞきます。

こうして、やっとかまぼこに使うことができる、
白くてなめらかなすり身ができあがります。
このすり身のでき具合は、
完成したかまぼこの味や食感にかかわるので、
ここまでの工程はどれも欠かすことができません。

⑦ 成形／引き起こし

これからが目に見える職人技の工程です。
できあがった調味すり身を使って、
かまぼこの形をつくっていく作業が、
「板付け」ともよばれる「成形」です。
かまぼこの土台部分をつくる「引き起こし」は、
成形作業専用の「つけ包丁」をたくみに動かし、
空気をぬくようにまな板の上でねったすり身を、
すばやい動きで板の上にうすく、うすく、
何度も重ねてもりつけていきます。

細かい動きをくりかえすたびに、板の上にすり身がもられていきます。

シログチを使った小田原かまぼこは、背が高く厚みがあるかまぼこの土台をつくることができます。

21

中掛けをおこなう職人。引き起こしを終えた時点では、まだかまぼこらしさはあまりありませんが、中掛けに入ると、みるみるうちにかまぼこらしい形になっていきます。

引き起こしを終えたかまぼこ（上）と、中掛けを終えたかまぼこ（下）。すり身をうすく、何度も重ねていきながら、形を整えていきます。

⑧ 成形／中掛け

引き起こしでつくった土台に、
すり身をうすく、何層にも重ねていきながら、
かまぼこ本体の形をつくっていきます。
すり身の温度が上がってしまわないように、
1本分の作業は、短時間で形も重さも仕上げきる
高い技術が必要になる作業です。

⑨ 成形／上掛け

上掛け用の、よりなめらかなすり身を重ねて、
かまぼこの表面をきれいに整える作業です。
つけ包丁も上掛け専用のものを使って、
すり身を厚さが均等に2～3㎜となるようにのばし、
小田原かまぼこの特徴でもある、表面のつやと、
背の高い、きれいな扇形をつくっていきます。

中掛けを終えたかまぼこに、紅色の上掛け用のすり身を重ねて
いきます。上掛けするすり身の厚さを均等にするために、力の
入れ加減やつけ包丁の動かし方など、繊細な調整が必要な、
まさに職人技が光る工程です。

⑩ 小口切り

かまぼこの両端（小口）からはみだしたすり身を、
板に合わせて、まっすぐに切り落とします。
かまぼこの成形の最後をしめくくる作業です。

小口切りは、簡単な作業のようにも見えます。
しかし、失敗するとやり直しがきかないので、
高い集中力が必要な作業です。

⑪ 蒸し

小口切りを終えたかまぼこは、
蒸し器に入れて蒸していきます。
かまぼこの弾力が決まる作業なので、
その日に使う魚の種類によっても、
蒸す温度や、蒸す時間の長さを
細かく調整していきます。

蒸し器から取りだされるかまぼこ。

⑫ 冷却・仕上がり確認

蒸し終わった、あつあつのかまぼこは、すぐに冷水に入れて冷やします。これも良質な水が豊富な小田原ならではです。

できあがったかまぼこを、職人自らが細かくチェックして確認します。このチェック体制も、おいしいかまぼこづくりに欠かせません。

蒸し終わったかまぼこは、すぐに水に入れて冷やします。また、必ずサンプルを取って、
職人が自らさわって、食べてみて、仕上がり具合を確認し、製品の完成度を高めています。

職人の技を機械でも！

製造工程のほとんどを機械化しています。（株式会社 鈴廣 鈴廣本店）

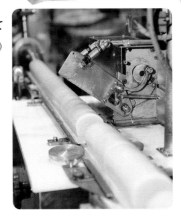

現在、かまぼこ製造の多くは、機械によっておこなわれています。価格、品質が安定した商品を、短時間に大量生産するためには、機械の力が必要です。
そこで、かまぼこ製造会社では、長い年月、職人がみがきをかけながら引きついできた技術や、そのかまぼこの味のひみつを、科学的にしらべ、たしかめた上で、それらを製造機械の開発や運用に役立てています。かまぼこの製造機械は、かまぼこ職人の弟子といえるかもしれません。

白はんぺんのつくり方 ゆでかまぼこ

東京都中央区の日本橋にある、江戸時代創業の練り物店。当時、この店のかまぼこは、江戸名物として紹介されていた（11ページ）ほどでした。

サメ肉一度しぼりを使う

関東地方の人にはなじみの深い、

白くてふわふわした口当たりの、はんぺん。

江戸時代の江戸湾（東京湾）周辺はサメが多く、

また、中国に輸出するフカヒレを取るため、

サメ漁がさかんにおこなわれていました。

フカヒレを取った後にあまった、大量のサメ肉。

それをむだなく利用する目的で、

はんぺんがつくられるようになったそうです。

江戸時代に魚河岸があった東京都の日本橋で

代々、店をかまえる老舗の練り物店では、

今も、新鮮なサメ肉の一番良い部分である、

「一度しぼり・一番肉」だけを使って、

やわらかく食感の良いはんぺんをつくっています。

この店のはんぺんに使うサメ肉は、脂が乗って味の良いアオザメを4割、肉がやわらかく食感が良くなるヨシキリザメを6割の比率でまぜています。血合いとよばれる、赤い色をした筋肉には、血やたんぱく質分解酵素が多くふくまれ、はんぺんの白さや食感に悪影響をあたえるため、最初にていねいに取りのぞきます。

石臼でする作業も、季節やその日の天気などによって細かく調整し、すりあがり具合をたしかめながらおこないます。

二度ごしでふんわり

一度しぼり・一番肉は、ひき肉状にした後、

裏ごし機械に入れ、かたい筋などを取りのぞきます。

そして、そのサメ肉を石臼に入れて、

塩、やまいも(ヤマノイモ)、卵白などをまぜながら、

クリームのようになるまで、すりあげます。

できあがったすり身は、

さらに目の細かい裏ごし機械に入れて二度ごしし、

よりきめが細かく、調味料が均一になじんだ

ふわふわのすり身にしていきます。

かたい筋などをふくまない一度しぼりのすり身を、さらに二度ごしすることが、ふわりとした食感をつくるために大切です。

職人の技で型取り

職人が「狭匙」という木べらを使って、

すり身をはんぺんの型にもりつけていきます。

このとき、型を回しながら、

すり身をたたくようにしてもることで、

空気がすり身に入りこんでふくらみ、

食べたときに口の中でとろけるような、

独特の食感が生まれるのです。

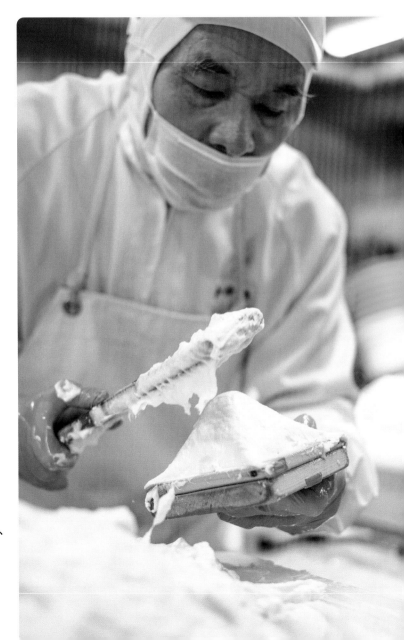

型取りをする職人。ひとつひとつ、手作業で型取りすることから、この店のはんぺんは「手取りはんぺん」ともよばれています。

大きな釜で、はんぺんをゆでます。はんぺんの形がくずれたり、つぶれたりしないよう、木べらでやさしくあつかいます。

やさしくゆであげる

型取りが終わると、仕上げの「ゆで」の作業です。
型取りですり身にふくませた気泡がこわれないよう、
やさしく、ていねいにあつかいながら、
表と裏をひっくり返し、数分ずつゆでていきます。
ゆであがったら、すぐに冷水で冷やして熱を取り、
ざるに上げてしっかり水を切ったら、
ふわふわのはんぺんが完成です。

はんぺんは、もともと丸い
半月形をしていたといわれ
ます。やがて、つくりやすく、
あつかいやすい四角い型を
使ったはんぺんがつくられ
るようになりました。

はんぺんは、今この店の
看板商品になって
います。

お国自慢のかまぼこ

昔から、日本の各地で、地元でとれた魚のすり身を使って、さまざまなかまぼこがつくられてきました。地域独自のかまぼこも多く、関東地方と関西地方でもちがいがあります。

そのいろいろを紹介しましょう。

昆布巻きかまぼこ・赤巻きかまぼこ／細工かまぼこ（富山県）

富山では、江戸時代に北前船によって昆布が運ばれ、昆布の食文化が根づいています。その昆布で魚のすり身を巻いて、板を使わずにつくる昆布巻きかまぼこ、渦巻模様を昆布の代わりに色つきすり身で表現した赤巻きかまぼこは、富山名産のかまぼこです。また富山では、細工かまぼこを婚礼の引き出物にする風習もあります。

浜揚天（石川県）

能登地方でつくられている、丸くてうすめの揚げかまぼこ。すり身に、地元でとれる魚介類や海藻、野菜などをまぜこんでいるのが特徴です。

黒はんぺん／なると巻き（静岡県）

黒はんぺんは、イワシやサバを使ってつくる黒い（灰色の）はんぺん。しっかりとした食感が特徴です。渦巻き模様から「鳴門」と名がついたなると巻きとともに、静岡おでんに欠かせません。

名古屋かまぼこ（愛知県）

名古屋市の熱田でつくられる、伝統のかまぼこ。あざやかな朱色の「朱板」が特徴で、派手なものを好む名古屋の文化に由来するといわれています。

伊勢はんぺん（三重県）

伊勢地方でつくられるはんぺんで、地元では「はんぺい」ともよばれます。形は半月形でややうすく、関東地方のはんぺんに比べて、もちもちとした弾力があるのが特徴です。

（ヤマシメイチ尾崎商店）

ぼたん焼ちくわ（宮城県ほか）

おでん種として、各地でつくられているぼたん焼ちくわ（焼ちくわ）は、もともと宮城県石巻市が発祥とされています。名前は、表面に油をぬってつけた焼き目を、ボタンの花に見立てたものです。

いかのこ（新潟県）

イカの卵だけを使った、佐渡島の郷土かまぼこです。「いかだんご」ともよばれます。今ではつくる店も少ない、とてもめずらしいかまぼこです。

たつかま（北海道）

北海道西部の岩内町でつくられている、スケトウダラの白子（精巣）を使ったゆでかまぼこです。スケトウダラ漁がおこなわれる冬の間、良質の白子が入荷したときにだけつくられる、幻のかまぼこです。

笹かまぼこ（宮城県）

かまぼこ類への年間家計支出額で全国1〜2位を争う仙台市の、お土産品として有名。すり身を笹の葉の形に成形し、遠火であぶってつくる、焼抜きかまぼこです。明治時代に、魚のすり身を手のひらでたたいて成形したのが、独特な葉の形の始まりとされています。

はんぺん（千葉県、東京都）

ふわふわでやわらかい白いはんぺんは、関東ならではの練り物。伝統的なはんぺんは、おもにサメ肉からつくられます。湯にうかべてゆでるため、「浮きはんぺん」ともよばれています。

東京都中央卸売市場 豊洲市場に集められた全国のかまぼこ。これらが取引されて、スーパーマーケットや鮮魚店などにならびます。

小田原かまぼこ（神奈川県）

江戸時代、東海道の宿場町として栄えた小田原市の名物として有名になった蒸板かまぼこ（板付かまぼこ）です。現在も、市内には江戸時代創業のかまぼこ製造会社がいくつもあります。

すじ（東京都）

おでん種で、関西で「すじ」といえば牛すじですが、関東では魚の筋を使った練り物です。もともと、はんぺんをつくるときにあまった、サメのかたい筋や軟骨のまじった肉を使ってつくられたものです。

長崎かまぼこ（長崎県）

長崎県は、かまぼこ県。長崎市は、かまぼこ類全般への年間家計支出額で全国一です。地元では「かんぼこ」とよびます。ゆで卵をすり身で包んだ「龍眼」、ちゃんぽんに欠かせない、蒸してつくる「はんぺん」、お節料理でおなじみの「伊達巻（カステラかんぼこ）」など、長崎県には個性ゆたかな郷土かまぼこがたくさんあります。

焼抜きかまぼこ（山口県）

かまぼこを焼く工程で、板の真下からじっくり熱するため、表面に焼き色がつきません。そのため「白焼き」ともよばれます。表面に、冷えたときにできるしわがあることも特徴です。

ひろす（長崎県）

島原地方でつくられている豆腐かまぼこ。魚のすり身と豆腐をまぜ、野菜やきくらげなどを加えて、蒸したり揚げたりしてつくるかまぼこです。

くじゃく（大分県）

佐伯市などでつくられるかまぼこ。白身の外側を赤く着色したゆで卵を、緑色に着色した魚のすり身で包んで揚げます。正月など、祝いの席に出すかまぼこです。

さつま揚げ（鹿児島県）

一般には「さつま揚げ」とよばれますが、鹿児島県では「つけ揚げ」とよび、江戸時代に琉球（現在の沖縄県）から製法が伝わったとされます。魚のすり身に黒酒とよばれる地酒を加え、砂糖を入れて甘めに仕上げるのが特徴です。鹿児島市は、さつま揚げへの年間家計支出額で全国一です。

ちきあぎ（沖縄県）

東南アジアから製法が伝わったとされる揚げかまぼこで、さつま揚げの元祖でもあります。一口サイズの丸いもの、棒状のもの、平たいもの、野菜などをまぜるものなど、さまざまなちきあぎがあります。また、紅白かまぼこもつくられますが、沖縄では板を使わないことが特徴です。

高知かまぼこ（高知県）

高知県もかまぼこ消費量の多い地域です。すり身を巻き簾で巻いてつくる蒸しかまぼこで、ふだんから食べられている「すまき」、ゆで卵をすり身で包んでつくり、郷土料理の「皿鉢料理」に欠かせない「大丸」が名産です。

あご野焼き（島根県）

夏に回遊してくるトビウオ（あご）のすり身を使い、地酒などをまぜてつくるかまぼこ。ちくわのように串にすり身を巻きつけて焼きます。暑い季節に野外で焼いたことから「野焼き」の名前がついたといわれています。

あんぺい（京都府ほか）

おもにハモのすり身を使い、湯で煮あげてつくる、はんぺんの一種。京都など、近畿地方でよく食べられています。

豆腐ちくわ（鳥取県）

鳥取県の中部〜東部の名物で、木綿豆腐と魚肉を約7対3の割合でまぜあわせ、蒸してつくるちくわです。

がんす（広島県）

白身魚のすり身に、玉ねぎや唐辛子などをまぜ、パン粉をつけて揚げた独特なかまぼこ。「がんす」とは、広島県の方言で「〜でございます」の意味です。

大阪かまぼこ（大阪府）

蒸板かまぼこにみりんをぬり、焼き目をつけた「焼板かまぼこ」、蒸さずにあぶり焼く「焼通しかまぼこ」、低温で揚げ色をつけずに揚げる「白天」、カステラのような「梅焼」などがあります。

えび天（香川県）

観音寺市のかまぼこ。瀬戸内海でとれた小エビの頭を取り、体は殻つきのまますりつぶして、しぼり豆腐とスケトウダラのすり身とまぜあわせてつくります。わずかに残るエビ殻の食感が特徴です。

宇和島かまぼこ（愛媛県）

宇和島市には、小魚をまるごとすり身にしてつくる「じゃこ天」をはじめ、すり身を油揚げで巻いた「あげ巻き」、卵黄をたっぷり使った「厚焼き」、乾燥させたかまぼこからつくる「削りかまぼこ」など、独特のかまぼこ文化があります。

竹ちくわ（徳島県）

小松島市を中心につくられているちくわで、天然の竹にすり身を巻きつけて焼きます。香ばしい竹の香りも魅力のひとつです。

おでん種屋に行ってみよう

かまぼこ類、特に揚げかまぼこを使った
代表的な料理が、おでんです。
おでんの種（具）にする揚げかまぼこは、
スーパーマーケットなどでも売られていますが、
海辺の町や、古くからある商店街などには、
おでん種を専門にあつかう店があります。
家の近所で、出かけた先で、そんな店を見つけたら、
ぜひ店のようすをのぞいてみましょう。
販売だけでなく、製造もしている店もあり、
品ぞろえは豊富で、見ていて楽しくなります。
好きなものをいろいろ選んで買って帰り、
わが家オリジナルのおでんをつくってみましょう。

東京都江東区北砂の商店街にある、おでん種屋（かまぼこ店）。店頭には、店で製造している多種多様な揚げかまぼこが、ところせましとならべられていて、その品数の多さにおどろかされます。

野菜や、イカなどをまぜた揚げかまぼこも人気で、値段が安いことも魅力。１枚だけ、おやつに買うのも良いかもしれません。

この店では、おでんも販売しています。昔はこのような店も多くありましたが、近年ではめずらしい存在になってきています。

関東風おでん
汁は濃口しょう油と、鰹節のだしでつくります。つくね、はんぺん、すじ、ちくわぶなどが入るのが関東風の特徴です。

いろいろな種（具）が、ひとつの鍋に入ったおでんは、

見ているだけでも食欲がわいてきますね。

おでん種には、大根や玉子など全国共通のものもありますが、

地域によって、独特のかまぼこ類が加わることで、

おでんもバラエティゆたかなものになっています。

いつも食べなれている定番おでんも良いですが、

たまにはちがう地域のかまぼこや調理法を使って、

一味ちがったおでんを楽しんでみてはいかがでしょう。

今夜はおでん！

関西風おでん（関東煮）
汁は淡口（薄口）しょう油に、昆布と鰹節のだしで、あっさりした味。白天、梅焼、ごぼう天、タコ足、クジラ、牛すじが入ります。

静岡おでん
汁は濃口しょう油と、すじ肉からとっただしや味噌を使い、黒はんぺん、なると巻き、豚もつなどの具を煮て、青のりやだし粉をかけます。

かまぼこをつくってみよう!

お店で売られているかまぼこは、いくつもの工程をへて、つくられています。

でも、かまぼこは、自分の家でもつくることができます。

ここでは、さつま揚げのような、揚げかまぼこのつくり方を紹介します。

用意するものも、特別なものはなにもありません。

お好みの具材を使って、いろいろアレンジもできます。

楽しくつくって、おいしく食べましょう!

【注意】調理には、油を熱して、かまぼこを揚げる工程があります。
危険なので、必ずおとなの人といっしょに調理をしましょう。

用意するもの

● すり身材料（さつま揚げ6個分）
・白身魚のすき身240g
・木綿豆腐80g
・卵1個、塩小さじ1
・砂糖大さじ2
・片栗粉大さじ1
● 揚げ用の油適量

すり身にまぜる
具材は、お好みで
オーケー。

① すり身をつくる1

フードプロセッサーに白身魚を入れます。今回はタラ（マダラ）を使用。タラはすき身か、ふつうの切り身でも皮と小骨を取れば使えます。

② すり身をつくる2

そのほかの材料をすべて入れます。材料をまぜるのに今回はフードプロセッサーを使いましたが、ハンドブレンダーやすり鉢も使えます。

③ すり身をつくる3

すり身は必ず、ねばりが出るまでまぜあわせます。材料にやまいもを使う方法もありますが、成形がむずかしくなるので、木綿豆腐が便利。

④ つくる分量に分ける

できたすり身は、バットにあけて平らにならし、しゃもじなどを使って、つくる数におおよそ分けておくと、分量の見当がつけやすくなります。

⑤ 具材をまぜるA

すり身に具材をまぜます。今回はゆでて角切りにしたニンジン、コーン、枝豆を使い、さつま揚げ6個分の分量は、それぞれ5gほどです。

かまぼこづくり体験ができる

かまぼこ製造会社のなかには、かまぼこや、ちくわづくりの体験教室をおこなっているところがあります。費用がかかったり、予約が必要だったりしますが、実際にかまぼこをつくっている職人が講師となって指導してくれるので、子どもからおとなまで参加することができます。インターネットなどで、かまぼこづくり体験をおこなっているかまぼこ製造会社をさがしてみましょう。

小田原かまぼこの老舗製造会社がおこなっている、かまぼこ・ちくわづくり体験教室のようす。実際に使っているのと同じすり身を使って、蒸板かまぼこやちくわをつくることができます。

小田原かまぼこの老舗製造会社が販売している、手づくり体験キット。パウダー状にした魚のすり身を使って、かまぼこがつくれます。

これは、おすすめ！
とっても楽しいよ。

---

⑥ 具材をまぜるB

ゆでたイカゲソ（みじん切り）15ｇと紅生姜3ｇをまぜたものも、つくってみました。紅生姜が多いとしょっぱくなるので、要注意です。

⑦ 成形するA

1個分の量を手に取り、小判型や丸型に成形していきます。手のひらに少し油をつけておくと、すり身がくっつかず、作業が楽になります。

⑧ 成形するB

アスパラの穂先部分や、ゆでたごぼうにすり身を巻いて、棒状のものもつくってみました。アスパラは生でも、揚げるときに熱が通ります。

⑨ 揚げる

成形が終わったら、約160℃に熱した油で、時どき裏返しながら、全体がきつね色になるまで揚げます。油はねには注意しましょう。

⑩ 完成（和風）

和風なら、揚げたてを、おろしじょう油か生姜じょう油で食べるのがおすすめ。具材によっては、なにもつけずに食べてもおいしいです。

⑪ 完成（タイ風）

マヨネーズ大さじ1、スイートチリソース小さじ1と1/2の分量でつくったソースで食べれば、さつま揚げもタイ風に変身！

かまぼこで料理!

めでたい席での料理に使われる、蒸しかまぼこ。

おでんに最適な揚げかまぼこ。

みなさんのかまぼこのイメージは、そんな感じかもしれません。

でも工夫次第で、かまぼこ料理の幅は大きく広がります。

洋風にも和風にも、いろいろアレンジが可能です。

もっともっと、かまぼこを楽しみましょう!

かまぼこサンド

かまぼこを約1cm幅に切りわけ、それぞれの中央に、たてに深い切れこみを入れて土台にします。そこに大葉とキュウリ、イクラやトビコ、辛子明太子などをはさめば完成。サーモンやツナをはさんでも良いでしょう。いろどりも華やかで、パーティー料理の一品としても十分にかつやくします。

パーティー料理やおやつにもなる!

カニカマの押し寿司

温かいご飯に寿司酢を加えて、酢飯をつくります。バットや弁当箱などの角形の容器に食品用ラップフィルムをしき、そこにカニカマをきれいにならべます。その上に酢飯を均一になるようにのせ、ラップフィルムをかぶせて、辞書などの重いものをのせて3～4時間おけばできあがり。

ちくわロール

生ちくわを、たてに半分に切ります。切ったちくわで、ゆでたウズラの卵、サーモン、チーズなどを巻いて、つまようじをさして形を整えます。手も汚さずに一口で食べられる、おいしくて便利な一品で、おかずにも、おやつにもなります。

ちくわの磯辺揚げ

用意するのは、ちくわ、天ぷら粉、青のり（＋卵白）。天ぷら粉をとくとき、水のかわりに炭酸水を使うと、衣がサクサクになります。これに青のりを少しずつまぜて衣をつくり、ちくわにつけて油で揚げます。海でとれる海苔を使うことから磯辺揚げとよばれ、衣のサクサク感と、ちくわのぷりぷり感がよく合います。

はんぺんのハムチーズはさみ焼き

はんぺんをななめ半分に切って三角形にして、断面の中央に、二辺を切りはなさないように注意しながら切りこみを入れます。そして、スライスハムとスライスチーズをななめ半分に切り、はんぺんの切りこみに入れます。フライパンにサラダ油をうすくひき、片面を1〜2分ずつ焼いたらできあがり。

伝統的な料理もおいしい！

海老真薯のすまし汁仕立て

下処理をしたむきエビと同量のはんぺん、片栗粉を用意。小さくきざんだむきエビ、手でちぎったはんぺん、片栗粉をボウルに入れ、はんぺんをつぶしながら、なめらかになるようにまぜあわせます。食べやすい大きさに丸め、熱湯で5分ゆでれば海老真薯のできあがり。即席すまし汁に入れれば、豪華な和食の椀になります。

イワシのつみれ汁

イワシのすり身を具にした汁物で、地域や家庭によってお吸い物だったり、味噌汁だったりします。生のすり身をそのまま使うこともありますが、一般に売られている、ゆでかまぼこにしたものを使うこともできます。本来、「つみれ」はすり身をへらやさじで少量ずつすくって鍋に入れるものを指し、すり身を丸く成形したものは「つくね」とよびますが、現在は、鍋や汁物の具にするものを「つみれ」とよぶことが多いようです。

海のめぐみとかまぼこ文化を守るために

かまぼこ製造がさかんな神奈川県の小田原では、

かつて沿岸域の定置網でたくさんのブリが漁獲されていました。

昭和初期には数十万尾とれた年もあり、町も人も活気にあふれ、

ブリは小田原の海のゆたかさを象徴する魚になっていました。

しかし、昭和30年以降に激減し、現在も昔の漁獲量にはもどっていません。

その原因のひとつとして考えられているのが、全国的な森林の荒廃と護岸です。

森林と海というと、なにも関係がないと思うかもしれません。

しかし、森林と海は、川を通して深くつながっています。

ゆたかな森林には、林床にたっぷり腐葉土がつもっています。

森林に雨がふると、雨水は腐葉土にゆっくりしみこみ、

時間をかけて地下水となり、川となって海に流れこみます。

その過程で、窒素やリンといった栄養分が水にとけこみ、

海へと運ばれて、植物プランクトンや海藻の栄養になり、

それが海の生きものたちを育むことにつながっているのです。

海だけを見ていては、海の環境問題を考えることはできません。

植物も魚も、自然はみんな全体で支えあっているのです。

磯焼け

沿岸の岩礁域に、海藻の繁殖シーズンである春になっても、海藻がまったく生えなくなる現象です。地球温暖化による水温上昇の影響が強いといわれますが、森林の荒廃も原因のひとつだと考えられています。

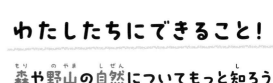

わたしたちにできること！

森や野山の自然についてもっと知ろう

森と海のつながりについてもっと知ろう

紙類などのリサイクルに協力しよう

森林の保全活動などに参加してみよう

かまぼこの板を捨てずに利用してみよう

かまぼこには森林が大切

かまぼこ製造には、たくさんの水を使います。蒸しかまぼこの代表である神奈川県の小田原かまぼこは、県内にある箱根や丹沢山地からくる豊富な地下水を利用できたため、発展したともいわれています。小田原かまぼこに欠かせない板も、ゆたかな森林資源があってこそ使えるものです。水産加工食品のかまぼこは、じつは森林とも深い関係があるのです。

近年、海と森林が密接につながっていて、漁獲量の減少や磯焼けなどにも関係していることがわかってきました。こうしたことから、小田原かまぼこの老舗会社では、地元の団体などと協力して水源地である山に植林したり、森林の保全活動に協力したりして、ゆたかな水を守り、ゆたかな海を取りもどすための活動をおこなっています。また、かまぼこ製造で出た魚のアラなどを利用して肥料をつくって地元の農家に提供し、収穫した農作物を自社が経営するレストランで使用するなど、水産資源をむだにせず、自然環境に気を配った、さまざまな取り組みをおこなっています。

森林保全活動へ参加したかまぼこ会社の社員。水産食品会社やそこで働く人びとも、環境保護に関心を向ける時代になっています。

小田原のかまぼこ会社がおこなった、かまぼこ板アートのコンクールに応募された作品。だれでも手軽に挑戦できるアートです。写真の作品は、かまぼこ板を2枚使ってえがかれています。

さくいん

監修 ◎ 一般社団法人 大日本水産会
魚食普及推進センター
（山瀬茂継・早武忠利・内堀湧太）

水産業の振興をはかり、経済的、文化的発展を期する事を目的として明治15年（1882年）に設立された一般社団法人大日本水産会の一事業として、魚や海、漁業に関する情報発信および魚食普及活動をおこなっている。教育機関を中心とした出前授業のほか、全国に水産物の楽しさを伝えるために、ホームページ上で食育プログラム、魚を用いた自由研究の紹介、魚のさばき方や保存方法のほか、衛生面などのビジネス向け情報もあつかっている。

◎ 協力者関係
特別協力 福地享子（豊洲市場 銀鱗文庫）、丸千千代田水産株式会社

取材協力 東京都中央卸売市場 豊洲市場、東京都水産物卸売業者協会、
東京魚市場卸協同組合、
株式会社鈴廣蒲鉾本店、鈴廣かまぼこ株式会社（かまぼこ）、
有限会社神茂（はんぺん）、増英蒲鉾店（おでん種）、
葛西臨海水族園、気仙沼市魚市場

撮影協力 ネイチャーイン大瀬館（静岡県）、大瀬館マリンサービス（静岡県）、
須江ダイビングセンター（和歌山県）、
辰ノ口ダイビングサービス ブルーアース21 長崎（長崎県）、
長崎ダイビング連絡協議会（長崎県）、
阿部里美、河野輝子、本間了、米田和義、
株式会社イノン、株式会社エーオーアイ・ジャパン、株式会社シグマ、
株式会社ゼロ、株式会社タバタ、二十世紀商事株式会社、
株式会社フィッシュアイ

写真画像提供 櫻井季己、兵庫県蒲鉾組合連合会、舞鶴市糸井文庫、
株式会社スギヨ、株式会社鈴廣蒲鉾本店、ヤマシメイチ尾崎商店、
東京都立図書館、国立国会図書館、ColBase、PIXTA

さつま揚げ料理コーディネート　林くみ子
装丁・デザイン　山﨑理佐子
企画・編集協力　安延尚文
校正　有限会社 ペーパーハウス

写真・文 ◎ **阿部秀樹**（あべ ひでき）

1957年、神奈川県生まれ。立正大学文学部地理学科卒業。幼少時から「海が遊び場」という環境で育ち、22歳でスクーバダイビングを始める。数々の写真コンテストで入賞を果たした後、写真家として独立。水生生物の生態撮影には定評があり、特にイカ・タコ類の撮影では国内外の研究者と連携した撮影を進め、国際的な評価も得ている。現在は、日本の海の多様性に注目し、海と人との関わりや四季折々の情景などを意識した作品の撮影を進めているほか、多くの経験を活かし、テレビ番組等の撮影指導やコーディネートも手がけている。おもな著書に『和食のだしは海のめぐみ ①昆布 ②鰹節 ③煮干』（第23回学校図書館出版賞受賞）、『食いねぇ！お寿司まるごと図鑑』（ともに弊社刊）、『イカ・タコガイドブック』（共著／阪急コミュニケーションズ）、『ネイチャーウォッチングガイドブック 海藻』（共著）、『ネイチャーウォッチングガイドブック 魚たちの繁殖ウォッチング』（ともに誠文堂新光社）、『美しい海の浮遊生物図鑑』（写真／文一総合出版）などがある。また、テレビ番組の撮影指導・出演に「ダーウィンが来た！生きもの新伝説 小笠原に大集合！超激レア生物」（NHK）、「ワイルドライフ」、「ニッポン印象派」（NHK・BS）など。国外の映画やテレビ番組撮影にも関わっている。静岡県伊豆の国市在住。

◎ 参考文献
『かまぼこのひみつ』（株式会社鈴廣蒲鉾本店／世界文化社）
『食材魚貝大百科1〜4』（監修：多紀保彦、奥谷喬司、近江卓、武田正倫 企画・写真：中村庸夫／平凡社）

海からいただく 日本のおかず❷ 蒲鉾（かまぼこ） 魚介すり身の練り物

2024年3月　初版1刷発行

監　修　一般社団法人 大日本水産会 魚食普及推進センター
写真・文　阿部秀樹
発行者　今村正樹
発行所　株式会社 偕成社　〒162-8450　東京都新宿区市谷砂土原町3-5
☎03-3260-3221（販売）　03-3260-3229（編集）
https://www.kaiseisha.co.jp/
印　刷　大日本印刷株式会社
製　本　東京美術紙工

©2024 Hideki ABE
Published by KAISEI-SHA, Ichigaya Tokyo 162-8450
Printed in Japan
ISBN978-4-03-438120-5
NDC667 40p. 29cm

＊乱丁本・落丁本はおとりかえいたします。
本のご注文は電話・ファックスまたはEメールでお受けしています。
Tel：03-3260-3221　Fax：03-3260-3222
E-mail：sales@kaiseisha.co.jp